JN129474

ダイオキシン類のばく露を防ぐ

― 特別教育用テキスト ―

中央労働災害防止協会

はじめに

廃棄物の焼却施設における焼却炉の運転、点検等作業又は解体作業に従事する労働者のダイオキシン類へのばく露を防止するため、平成 13 年4月に労働安全衛生規則が改正されました。

この中で、当該作業に労働者を就かせるに当たっては、ダイオキシン類の有害性、作業の方法、事故の場合の措置、保護具の使用方法等について特別の教育を行うことが事業者に義務付けられており、その科目、範囲及び時間については安全衛生特別教育規程に定められています。

本書は、廃棄物焼却施設関連作業に従事する労働者に対する特別教育のためのテキストとして、特別教育規程に定める科目及び範囲を網羅して刊行したもので、平成 26 年1月に改正された「廃棄物焼却施設関連作業におけるダイオキシン類ばく露防止対策要綱」(旧要綱では「廃棄物焼却施設内作業」と表記)を受け、焼却炉の「移動解体」や「残留灰の除去作業」などの内容も盛り込んでおります。

関係事業場においては、本書を中心に、当該事業場における設備や作業手順等に関する資料を加えることにより特別教育を実施し、労働者のダイオキシン類へのばく露防止対策が効果的に行われることを期待しております。

平成 29 年9月

中央労働災害防止協会

「廃棄物の焼却施設に関する業務に係る特別教育」科目および時間

（昭和 47 年9月 30 日労働者告示第 92 号）
（最終改正　平成 27 年8月5日厚生労働省告示第 342 号）

科　　目	範　　囲	時　間
ダイオキシン類の有害性	ダイオキシンの性状	０．５時間
作業の方法及び事故の場合の措置	作業の手順 ダイオキシン類のばく露を低減させるための措置 作業環境改善の方法 洗身及び身体等の清潔の保持の方法 事故時の措置	１．５時間
作業開始時の設備の点検	ダイオキシン類のばく露を低減させるための設備についての作業開始時の点検	０．５時間
保護具の使用方法	保護具の種類、性能、洗浄方法、使用方法及び保守点検の方法	１　時間
その他ダイオキシン類のばく露の防止に関し必要な事項	法、令及び安衛則中の関係条項 ダイオキシン類のばく露を防止するため当該業務について必要な事項	０．５時間

ダイオキシン類のばく露を防ぐ
― 特別教育用テキスト ―

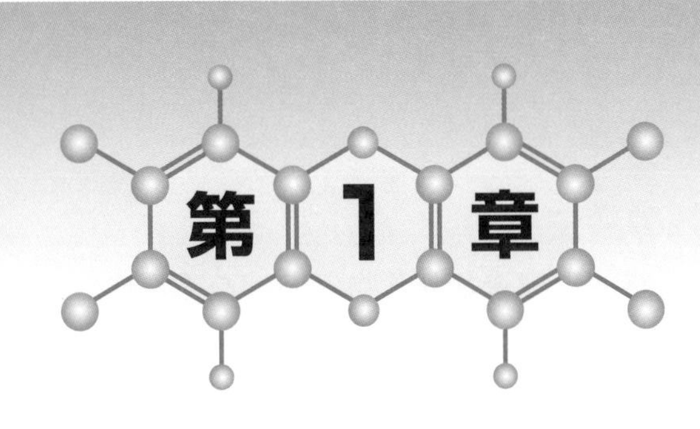

ダイオキシン類の有害性

【第１章のポイント】

□廃棄物の焼却施設では、ダイオキシン類の多くは灰や粉じんに吸着されて存在する。ガス状のダイオキシン類が発生することもある。

□ダイオキシンは呼吸、飲食、皮膚への付着によって体内に入るため、適切な保護具を着用することが重要である。

□ダイオキシン類でもっとも毒性が強いものは「ヒトに対して発がん性がある物質」に分類されている。

1-1 ダイオキシン類とは

(1)ダイオキシン類の発生

ダイオキシン類は工業的に製造される物質ではなく、他の物質を合成する過程で副次的に生成するもので、物が燃焼する際にも、わずかながらも自然に発生するといわれています。ダイオキシン類の発生量は燃焼する物や燃焼温度等により異なりますが、木を燃やすことによっても発生しますし、工業用の炉でもわずかながら発生しています。特に、問題となっているのは、廃棄物を焼却する過程です。

過去には、廃棄物の焼却施設で焼却炉等の運転、点検等作業および解体作業に従事した労働者から高濃度の血中ダイオキシン類が検出された事案が発生しています。

ダイオキシン類の発生メカニズムは非常に複雑であり、詳しい発生プロセスは完全にはわかっていませんが、約800℃以上の高温のもとでは分解されること、不完全燃焼によって発生しやすくなることが知られています。また、排ガスを処理する工程においても、ある条件下でダイオキシン類が合成されることもわかっています(この反応は「デノボ合成」と呼ばれ、300℃付近で最も発生しやすくなるといわれています)。

発生したダイオキシン類は、常温ではその多くが、ばいじん、焼却灰などの燃え殻に吸着された状態で存在していますが、一部は、ガス状になっています。

焼却炉で燃やされる廃棄物は、さまざまな種類のゴミから構成されていて、ダイオキシン類の発生を完全になくすことは困難です。しかし、燃焼温度や、燃焼方法を工夫することによって、その発生量をかなり抑えることができることがわかってきており、今後も、焼却炉の更改が進むものと見込まれます。

(2)ダイオキシンの構造

ダイオキシン類は、図に示すとおり、二つのベンゼン環（6個の炭素原子からなる正六角形の構造）が結合した構造を基本とし、ベンゼン環を構成するいくつかの水素が塩素に置き換わった構造をしています。基本構造の違いから、大きく、「ポリ塩化ジベンゾ−パラ−ジオキシン（PCDD）類」、「ポリ塩化ジベンゾフラン（PCDF）類」及び「コプラナーポリ塩化ビフェニル（Co-PCB）類」に分けられます。さらに、「ポリ塩化ジベンゾ−パラ−ジオキシン」には75種、「ポリ塩化ジベンゾフラン」には135種、「コプラナーポリ塩化ビフェニル」にも12種の仲間（同族体）があります。

1. PCDD類（75種類）

2,3,7,8-テトラクロロジベンゾ-パラ-ジオキシンをはじめとするポリ塩化ジベンゾ-パラ-ジオキシン類（PCDDs）

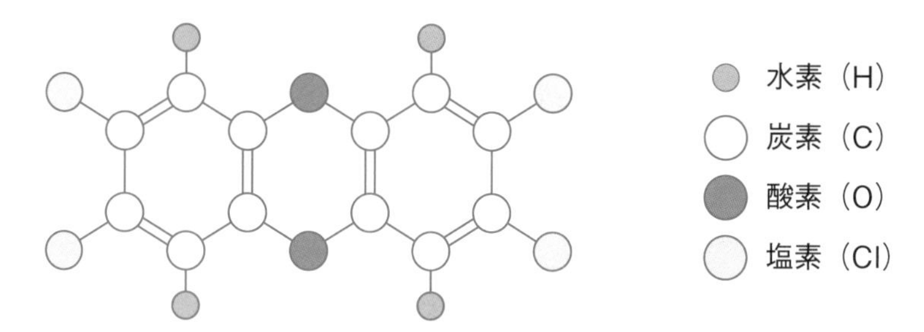

2,3,7,8-TCDD
（ダイオキシン類の中で最も毒性が強いと言われている物質）

2. PCDF類（135種類）

構造中にフランを含むポリ塩化ジベンゾフラン類（PCDFs）

2,3,4,7,8-PnCDF

3. Co-PCB類　コプラナーポリ塩化ビフェニル類（12種類）

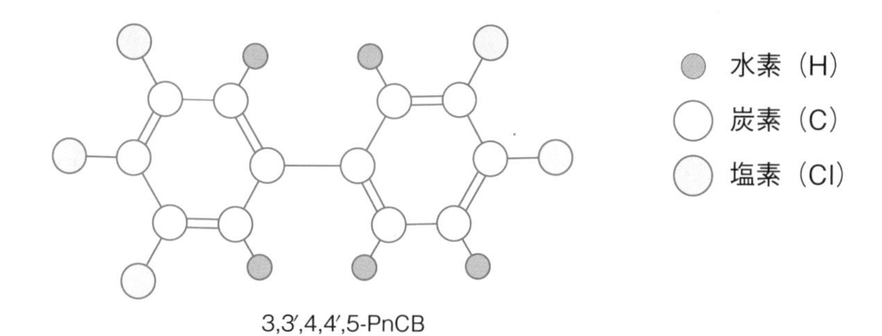

3,3′,4,4′,5-PnCB

図　ダイオキシン類

1-2 ダイオキシン類の有害性等

⑴性状

ダイオキシン類は、無色で、熱に強く、水に溶けにくく、油脂に溶けやすいという性質をもっています。廃棄物焼却施設で発生するダイオキシン類の多くは、灰や粉じんに吸着されて存在しています。しかし、これらの灰や粉じんが加熱されると、ダイオキシン類は、容易にガス化するので、高温になる箇所や作業に伴って熱を発生する箇所では、ガス状のダイオキシン類も発生することがあります。

⑵ばく露経路

ダイオキシン類が、体内に入る経路としては、３種類あります。すなわち、呼吸によるもの（経気道）、飲食物とともに入るもの（経口）、皮膚に付着して吸収されるもの（経皮）の３種類です。

このため、作業中は適切な保護具を着用し、ダイオキシン類を含む粉じんやガス状のダイオキシン類を吸い込まないように、また、皮膚に付着することがないようにすることが重要です。さらに、手指に付着した粉じんが口に入ることを防ぐため、作業場では、飲食物を口に入れたり喫煙してはいけません。

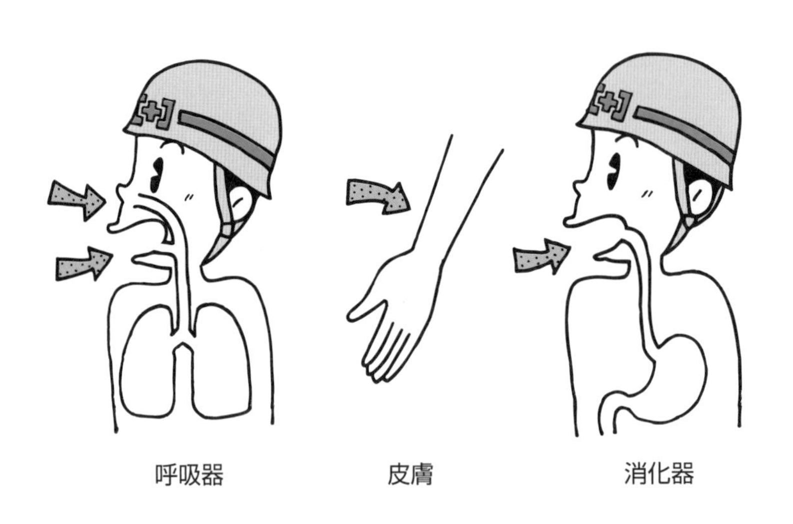

⑶主な有害性

ダイオキシン類は、既に述べたように、200種類を超える物質の総称で、通常は混合物として存在します。その有害性は、混合物を構成する物質によって異なります。

もっとも毒性が強いといわれる2,3,7,8-テトラクロロジベンゾ－パラ－ジオキシン（2,3,7,8-TCDD）については、実験動物を用いたさまざまな毒性試験が行われており、発がん性、肝毒性、免疫毒性及び生殖毒性について一定の知見が得られています。

ヒトに対する影響についての知見が得られているのは、事故による中毒や職業ばく露の事例に限られています。こうしたきわめて高濃度のばく露レベルにおいては、2,3,7,8-TCDDを中心に、そのばく露とがん死亡率の上昇や塩素ざ瘡（そう）*との関係があるとの疫学調査結果が得られています（「ダイオキシンの耐容一日摂取量（TDI）について」（平成11年6月　中央環境審議会環境保健部会報告書））。

このように、2,3,7,8-TCDDについては、有害性調査がもっとも進んでおり、平成9年2月に、国際がん研究機関（IARC）が定める発がん性の分類において、「ヒトに対して発がん性がある物質」とされています。

その他のダイオキシン類については、ヒトの健康にどのような影響があるかはまだ明らかになっていない部分も多く、また、こうした事故的なばく露レベルと現在問題となっている微量のばく露レベルとの間には大きな違いがありますが、作業に当たっては、必要なばく露防止対策を講ずることにより、ばく露を極力少なくすることが重要です。

*皮膚にできる吹き出物様のもの

⑷作業環境におけるダイオキシン類の濃度

平成10年5月に世界保健機関（WHO）欧州事務局は、ダイオキシン類の耐容1日摂取量（TDI）を1～4pg-TEQ/kg/dayとすることを決定しました。これは、幼児を含む一般人に対するもので、食物や一般環境からの摂取も含まれていますが、体重50kgの人であれば、1日当たり50～200pg-TEQということになります。

これをもとに、労働環境において作業管理を行う上での指標とするダイオキシン類の濃度は、2.5pg-TEQ/㎥とされています。この濃度は作業環境管理を行うための指標ではなく、使用すべき保護具の選択や解体方法の決定を行う上での目安となるものです。

事業者は、作業が行われる空気中のダイオキシン類の濃度の測定等を行い、測定結果に応じた適切な保護具を使用することが義務付けられています。

なお、作業環境におけるダイオキシン類の濃度は低いほど望ましいことは言うまでもありません。まずは、ダイオキシン類の濃度を低くするための努力が必要です。

（参考）1g（グラム）

1mg（ミリグラム）＝1,000分の1g

1μg（マイクログラム）＝1,000,000（100万）分の1g

1ng（ナノグラム）＝1,000,000,000（10億）分の1g

1pg（ピコグラム）＝1,000,000,000,000（1兆）分の1g

TDI（Tolerable Daily Intake）耐容1日摂取量

TEQ（Toxicity Equivalency Quantity）毒性等量

※最も毒性が強いとされる2,3,7,8-テトラクロロジベンゾ-パラ-ジオキシンの毒性を1として、各ダイオキシン類の相対毒性と量を掛け算してから足し合わせたもの

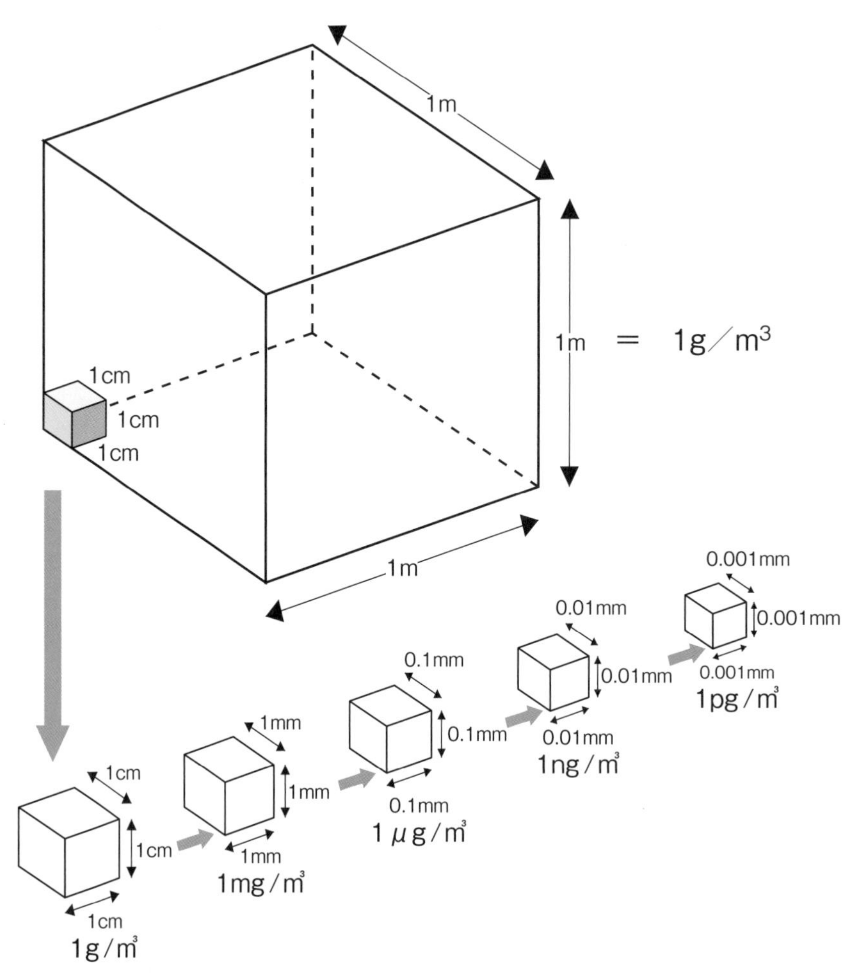

仮にダイオキシン類の比重を水（1.0）と同じと仮定した場合（空気1㎥中）

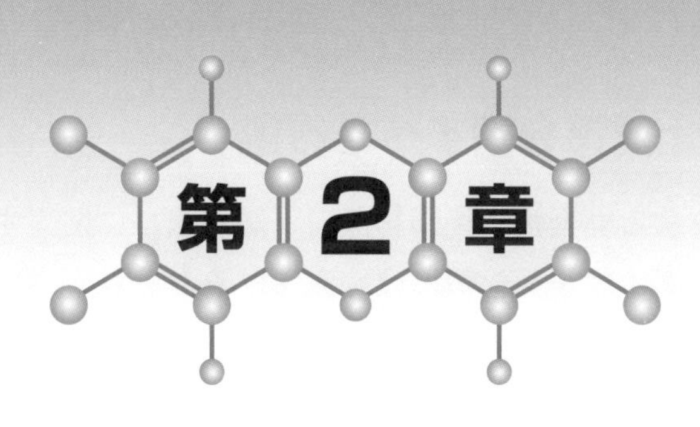

作業の方法及び事故の場合の措置

【第２章のポイント】

□ダイオキシン類にばく露されるおそれがある作業に従事するときは、事業者や作業指揮者の指示に従い、決められた作業方法をとらなければならない。

□作業が終わった後は、事業場に設けられた汚染除去設備を使用して清潔の保持に努めなければならない。

□ダイオキシンに著しく汚染されたときは、直ちに作業を中止して事業者や作業指揮者に通報しなければならない。

2-1 ばく露防止対策を講ずべき作業

廃棄物焼却炉を有する廃棄物の焼却施設（下図参照）に関連する作業の中で、次に掲げる作業では、ダイオキシン類にばく露されるおそれが高いことから、これらの作業に従事する際には、2-2 以下の作業方法によることとされています。事業者や作業指揮者（廃棄物の焼却施設等の解体などの作業には作業指揮者を定めることになっています）、統括安全衛生責任者等の指示に従って、ばく露防止のための対策を確実に実施してください。

⑴廃棄物の焼却施設におけるばいじん及び焼却灰その他の燃え殻の取扱いの業務に係る作業

具体的には、

ア．焼却炉、集じん機等の内部で行う灰出しの作業

イ．焼却炉、集じん機等の内部で行う設備の保守点検等の作業の前に行う清掃等の作業

ウ．焼却炉、集じん機等の外部で行う焼却灰の運搬、飛灰（ばいじん等）の固化等焼却灰、飛灰等を取り扱う作業

エ．焼却炉、集じん機等の外部で行う清掃等の作業

オ．焼却炉、集じん機等の外部で行う上記ア及びイの作業の支援及び監視等の作業

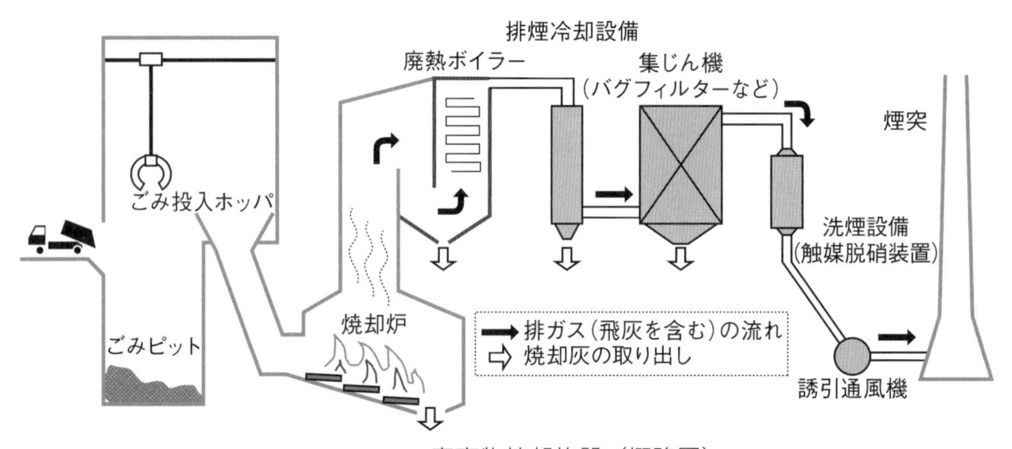

廃棄物焼却施設（概略図）

(2)廃棄物の焼却施設に設置された廃棄物焼却炉、集じん機等の設備の保守点検等の業務に係る作業

具体的には、

ア．焼却炉、集じん機等の内部で行う設備の保守点検等の作業

イ．焼却炉、集じん機等の外部で行う焼却炉、集じん機その他の装置の保守点検等の作業

ウ．焼却炉、集じん機等の外部で行う上記アの作業の支援、監視等の作業

(3)廃棄物の焼却施設に設置された廃棄物焼却炉、集じん機等の設備の解体等の業務及びこれに伴うばいじん及び焼却灰その他の燃え殻の取扱いの業務に係る作業

具体的には、

ア．廃棄物焼却炉、集じん機、煙道設備、排煙冷却設備、洗煙設備、排水処理設備及び廃熱ボイラー等の設備の解体又は破壊の作業（設備を設置場所から別の処理施設に運搬して行う、設備の解体又は破壊の作業（以下「移動解体」とい

う）を含む。）

イ．上記アに係る設備の大規模な撤去を伴う補修・改造の作業

ウ．上記ア及びイの作業に伴うばいじん及び焼却灰その他の燃え殻を取り扱う作業

⑷移動解体の対象となる設備を処理施設に運搬する作業

具体的には、

ア．積込み作業

イ．運搬作業

ウ．積下ろし作業

なお、これらの運搬にかかる作業は特別教育の対象外ですが、適正な保護具を着用するなどの対応が必要となります。

2-2 ばく露防止のための対策

(1)運転、点検等作業及び解体作業に共通した対策

ア．粉じん発散源の湿潤化

ダイオキシン類の多くは、ばいじん、焼却灰などの粉じんの表面に吸着した形で存在しています。したがって、そのばく露を防ぐため、周辺の電気機器等を損傷するおそれがあるなど特別の場合を除き、粉じんの発散源を湿らせて、発じんを抑えるよう義務付けられています。その際、粉じんが軽く湿って発じんしない程度に濡らせば十分です。大量の水をかけると、補修を行わない部分の耐火煉瓦を損傷したり、流れ出る汚染水をすべて回収、処理することが困難となるので、注意してください。

なお、ダイオキシン類を含むものが「すす」等水をはじく場合で、水による粉じんの飛散防止が難しい場合は、作業指揮者等の指示により別の方法（粉じん飛散抑制剤の使用など）を用いること。

イ．保護具の選定

ダイオキシン類のばく露を防ぐための重要な対策は、適切な保護具を使用することです。ダイオキシン類の吸入を防ぐための呼吸用保護具には、いくつかの種類があります。作業場には、ダイオキシン類を吸着した粉じんがあり、粉じんによるばく露の防止は不可欠ですが、作業によっては、ガス化したダイオキシン類によるばく露の防止も必要となります。

また、呼吸器からだけでなく、皮膚に付着して体内に入ることを防止するた

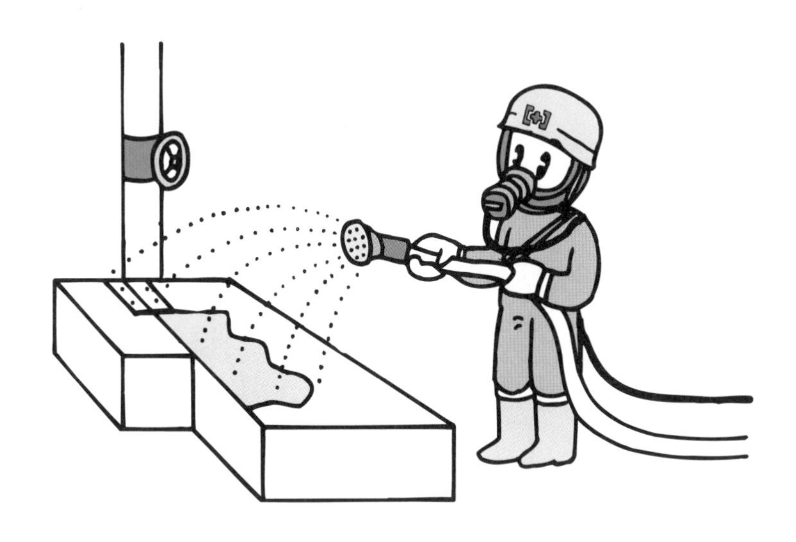

め、保護衣や保護手袋等の保護具も重要です。

適切な保護具の種類は、事業者が実施する空気中のダイオキシン類の濃度の測定や、付着したものに含まれるダイオキシン類の含有率の測定結果に応じて作業場所ごとに決められています。したがって、第４章に示す使用方法にも留意しつつ、事業者や作業指揮者、統括安全衛生責任者等の指示に従って、適切な保護具を、確実に使用してください。

⑵運転作業において必要な対策

大規模な廃棄物焼却施設には、数多くの複雑な設備機器が稼働しており、施設に所属する作業者だけでなく、関係事業場の作業者が従事している場合も多くあります。ばく露防止対策を講ずるに当たり、事業者の指示に従うべきことはもちろんですが、同じ施設で従事する作業者どうしの連絡調整も重要です。特に次のような点に注意して作業を行ってください。

ア．焼却炉を含む焼却施設の運転は、自動化されている場合も含め、焼却施設の作業仕様書（ダイオキシン類の発生を抑制する操作マニュアル）に従って、確実に操作を行うこと。

イ．日常的に各設備を巡視するときは、集じん機をはじめ各機械装置等間の排気用ダクト、各装置のパッキン等をチェックし、排気ガス等の漏れがないことを確認すること。

ウ．集じん機から固化灰（ペレット状）を取り出す場合には、局所排気装置を稼働させて作業を行うこと。この場合、ばく露を防止するため、当該作業に対応

した適切な呼吸用保護具、保護衣等を着用すること。

エ．焼却炉等の内部で行う灰出しの作業においては、作業を行う前に焼却灰等を湿潤化し、ダイオキシン類を含む粉じんの発散を防止すること。作業に当たっては、ガス状のダイオキシン類によるばく露を防止するため、空気中のダイオキシン類濃度の測定結果に応じてレベル２又はレベル３の保護具を使用すること（レベル１～４の保護具については28～35頁を参照）。

(3)保守点検作業において必要な対策

焼却炉の運転を停止したときに行う保守点検は、多くの異なる作業が同時期に近接する場所で行われることも多く、他の作業が発散源となる場合もあります。作業場内にはダイオキシン類が付着した粉じんが発散している可能性が高いことから、これらの吸入を防止するため、次のような点にも注意が必要です。

ア．焼却炉、廃熱ボイラー、集じん機等の内部に入って行う、耐火煉瓦の張替え、ボイラーの整備、集じん機の保守等の作業においては、ダイオキシン類が付着した粉じんの発生が多いことから、特に呼吸用保護具その他の保護具を確実に使用すること。

イ．保守点検において溶接、溶断等の作業を行うときは、次の(4)に準じてガス状のダイオキシン類に対するばく露防止対策を講ずること。

(4)解体作業において必要な対策

ア．解体作業全般について

解体作業では、焼却炉等に付着した物が発じんして作業環境中の粉じん濃度が高くなり、これらに含まれるダイオキシン類にばく露されるおそれがあります。また、作業によっては、ガス状のダイオキシンが発生することもあります。そのばく露を防止するため、解体工事を実施する事業者には、次のようなことが求められています。

①　湿潤化して作業を行うこと（前記(1)ア）。

②　解体作業を始める前に、付着物を除去しておくこと。

③　解体作業は、汚染物サンプリング調査の結果等から管理区域が設定され、解体方法や使用機材が決定されるので、この解体方法に沿って、適正な機材を使用すること。

④　付着物の除去作業や解体作業時は仮設構造物（天井、壁等）又はビニー

ルシート等で養生し、作業場からのダイオキシン類の拡散を防止すること。

⑤　付着物の除去がなされたことの確認は、作業指揮者が行うこと。

⑥　溶断作業を行うと、ガス状のダイオキシン類が発生するおそれが高いことから、付着した物に含まれるダイオキシン類の含有率が低い場合を除き、原則として溶断作業は行わないこと。

⑦　焼却炉等に付着した物に含まれるダイオキシン類の含有率等に応じた適切な保護具を使用すること。

したがって、測定結果が判明するまでは、一連の解体等作業（解体等作業にはばく露のおそれがある場所における足場の設置、付着物除去も含みます）を行うことができません。使用すべき保護具は、第４章のとおり、作業環境の汚染の程度ごとに定められているので、事業者や作業指揮者、統括安全衛生責任者等の指示に従って適切に使用するようにしてください。

除去された汚染物などの処理については、周辺環境の２次汚染を引き起こすことのないように、必要な手だてが定められています。作業指揮者、事業者の指示に従って、必要な保護具を確実に使用しつつ、適切に作業を行ってください。

イ．移動解体について

移動解体は、焼却施設等が建屋内に設置されている焼却炉等を取り外し、解体処理施設へ運搬し、付着物除去と解体処理を行います。ただし、移動解体は一定の要件（右頁参照）を満たした場合に限ります。

これらの過程で作業者がダイオキシン類にばく露されるおそれがあります。そのため、移動解体を行う事業者には、原則、前記「ア．解体作業全般について」で挙げた項目を実施するほか、次のことが求められています。

①　取り外した設備は管理区域内においてビニールシート等で覆う等により密閉すること。密閉は、積み込み時の落下等により飛散することがないように厳重に行うこと。

②　処理施設での取り外した設備の開梱は、上記ア．③と同様に設定された管理区域内で、必要なばく露防止対策を実施した上で行うこと。

ウ．残留灰の除去作業について

解体作業に併せて、周辺の土壌に堆積したばいじん、焼却灰及び燃え殻（以下、残留灰という。）を除去する作業があります。これらの作業を行う場合は、ダイオキシン類の拡散汚染や作業者へのばく露を防止することが必要になります。そのため、残留灰の除去作業を行う事業者には、作業者のばく露防止対策

参考　移動解体を採用する場合の要件（概要）

ア．設備本体を解体せずに、以下の①～③のみにより運搬できるもの。

①　設備本体の土台からの取外し（土台ごと吊り上げる場合を含む）

②　煙突及び配管の設備本体からの取外し

③　煙道（燃焼ガスを焼却炉の燃焼室から煙突まで導く管）で区切られた設備本体間の連結部の取外し

イ．クレーン等で設備本体を吊り上げた際、底板が外れないなど構造上の問題がないこと。底板がない設備は土台ごと吊り上げられること。

ウ．吊り上げ時等に、設備が変形・崩壊するおそれがないこと。

エ．焼却炉等の周辺に、運搬車への積込み作業をする十分な場所があること。

オ．処理施設は、以下を満たすものとすること。

①　廃棄物処理施設として許可を受けた処理施設であること。

②　解体作業まで、飛散防止措置を講じた上で密閉容器に入る等の措置を講じ、作業の妨げとならない場所に隔離・保管できる設備があること。

③　運搬車から積下ろし作業をする適切な場所があること。

として次のことが求められています。

①　仮設の天井・壁等による分離、あるいはビニールシート等による作業場所の区画養生を行うこと。

②　堆積した残留灰は、湿潤な状態のものとした上で除去すること。この際、土壌からの再発じんにも留意すること。

③　作業者は、適切な保護具を着用し、作業を行うこと。

⑸運搬作業において必要な対策

取り外した設備の運搬に係る「積込み」「運搬」「積下ろし」作業は特別教育の対象外ですが、ダイオキシン類の拡散やばく露を防止するため、次の項目を実施する必要があります。

ア．取り外した設備は、ビニールシート等で覆われ密閉された状態であることを確認してから、運搬車に積み込むこと。

イ．運搬車の荷台への積込みは、運搬中に密閉状態が維持できるように行うこと。

ウ．処理施設での積下ろしは、運搬設備の密閉状態が維持されていることを確認した上で行うこと。

エ．積込み及び積下ろし作業時は、適切な保護具（レベル１相当以上）を着用すること。

オ．運搬は、運搬設備が変形・破損等しないような方法で行うこと。設備を横倒しにすることで汚染物が漏えいするおそれがある場合は、横倒しの状態で運搬しないこと。

2-3 作業後の洗身及び身体等の清潔の保持の方法

作業中にダイオキシン類などの有害物を含んだ粉じんなどを吸入しないために、作業方法や保護具の使用方法（第４章）に十分注意する必要がありますが、作業が終わった後も、作業服などに付着している粉じんなどを吸入するおそれがあります。

このため、事業者は、身体又は被服を汚染するおそれのある業務に労働者を従事させるときは、洗眼、洗身若しくは、うがいの設備、更衣設備又は洗濯のための設備や、作業場と更衣場所の間に、保護具・保護衣の汚染及び焼却灰等を除去するためのエアシャワー（**写真 1**）等の汚染除去設備を設けることが義務付けられています。

作業者の皆さんは、これらの設備を確実に使用して清潔の保持に努めてください。なお、エアシャワーを浴びる際、防じんマスク等の呼吸用保護具を着用したままとし、汚染を除去した後に取り外すようにしてください。

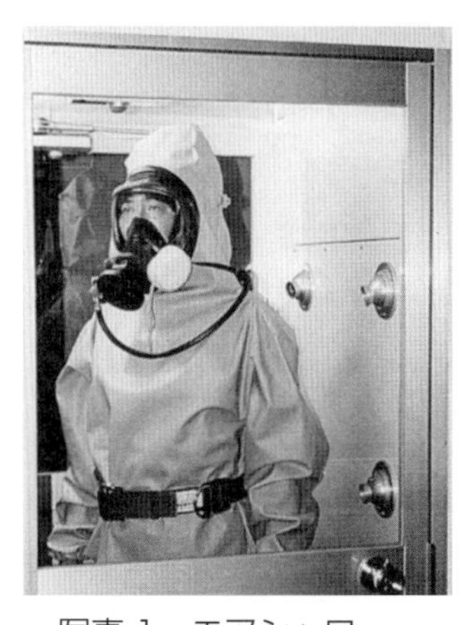

写真１　エアシャワー

うがい

洗眼

2-4 事故時の措置

事故が発生し、又は保護具が破損するなど作業者がダイオキシン類に著しく汚染されたり、多量に吸入したおそれがあるときは、直ちに作業を中止し、事業者や作業指揮者、施設管理者等に通報してください。

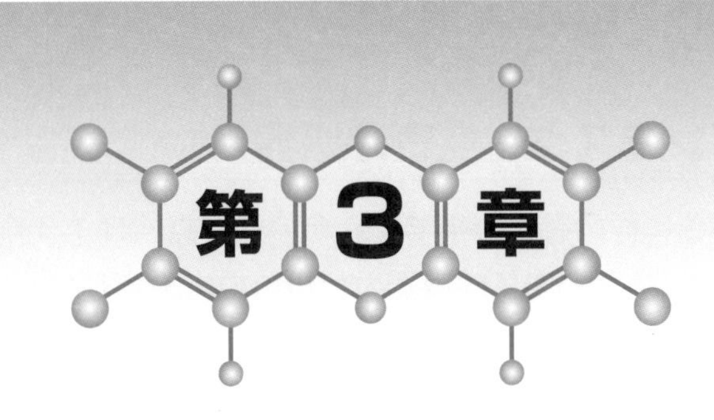

作業開始時の設備の点検

【第３章のポイント】

□エアラインマスク・空気呼吸器、局所排気装置、エアシャワーについては、作業開始前に決められた方法で点検をしなければならない。

3-1 エアラインマスク、空気呼吸器

各種保護具は、まさに作業者の命綱です。その保守点検は第４章で解説しますが、ここではエアラインマスク、空気呼吸器の使用前の点検項目について説明します。

⑴エアラインマスク

ア．面体（マスク）

①　しめひもの調節は適当か、ひもの弾力性はあるか、切れはないか。

②　眼枠周辺の面体ゴムに裂け、亀裂、ピンホールなどがないか。

③　アイピースと眼枠は締まっており、気密漏れはないか。ひび割れはないか。

④　排・吸気弁に異常はないか。通常の状態で弁が閉じているか、弁座は粘り着いていないか。

⑤　連結管がある場合、これを引き伸ばしたときに、裂け、亀裂、著しいへこみがないか。

イ．空気袋（ある場合）

①　亀裂や著しいつぶれがないか。

②　内部のつまりや汚染がないか。

ウ．コンプレッサ

①　安全弁、圧力計の作動は良いか。

②　油系統（油の量や汚れ具合など）は大丈夫か。

③　調節弁の作動は良いか。

④　空気清浄器の性能は良いか。

エ．ホース

①　亀裂や著しいつぶれがないか。

②　内部のつまりや汚染がないか。

③　ユニオン（接続部）のねじ山の壊れ、つぶれ等がなく、密着は良いか。

オ．その他

①　腰バンドは切れたり、はずれたりしていないか。

②　各部品の接続状態は良いか。

⑵空気呼吸器

使用前に次のことを点検してください。

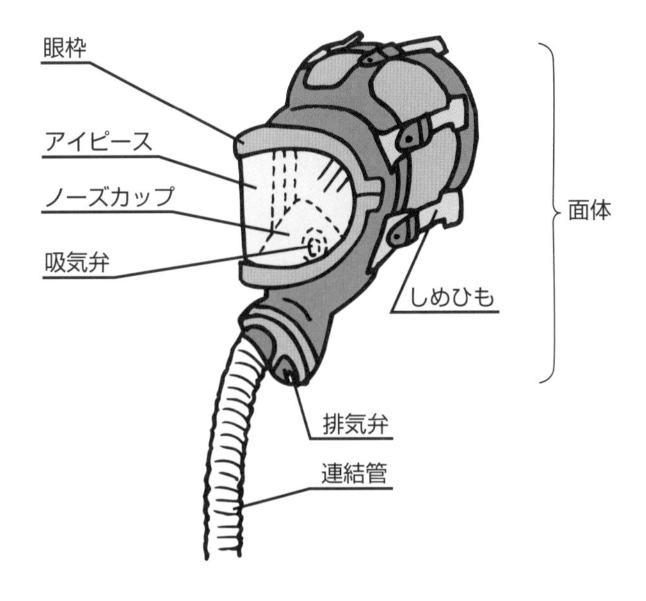
眼枠
アイピース
ノーズカップ
吸気弁
面体
しめひも
排気弁
連結管

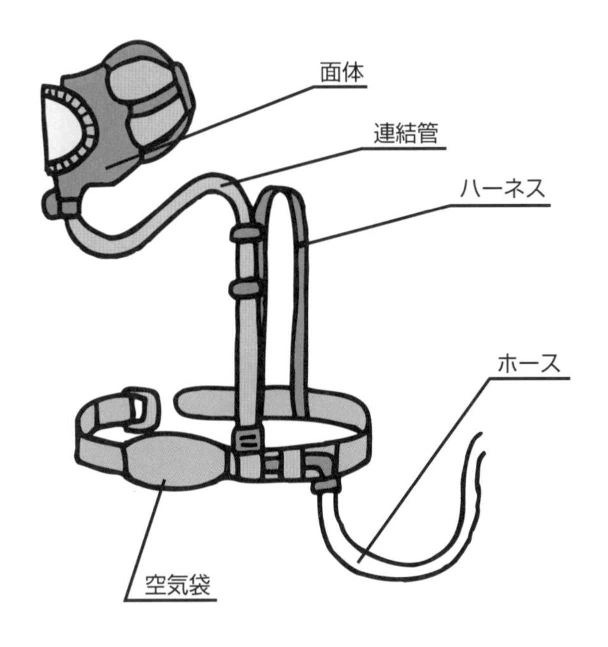
面体
連結管
ハーネス
ホース
空気袋

① ボンベの圧力
② 高圧導管等の気密状態
③ 警報装置の作動
④ 吸気管、面体及びアイピースの破損の有無
⑤ 呼気弁の状態

3-2 局所排気装置

局所排気装置については、作業開始前に次の点検をしてください。

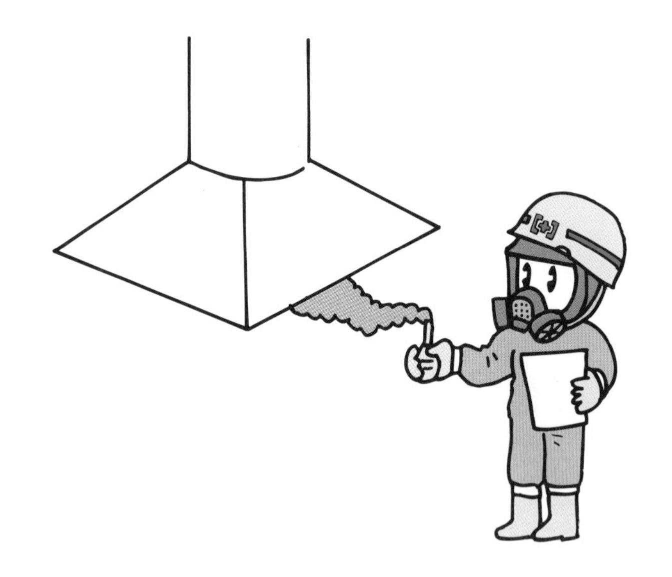

① スモークテスターを使うなどして、吸気の状態を確認する。
② ダクトの破損、接続箇所のゆるみ、粉じんの堆積などがないか確認する。

3-3 エアシャワー

エアシャワーについては、作業開始前に次のことを点検してください。
① エアシャワー室内のエアジェットの気流が十分か。
② エアシャワー稼働中に、出入り口部等から、空気の漏れ出しがないか。
③ 集じん機部分に大量の粉じんが貯留していないか。

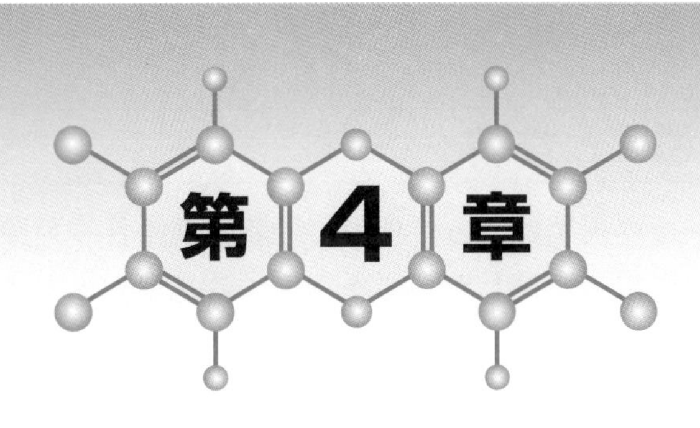

保護具の使用方法

【第４章のポイント】

□作業環境の汚染の程度（「レベル１」から「レベル４」まで）に応じて、決められた保護具を適切に着用しなければならない。
□使用後は適切に洗浄、保守点検して保管庫等に保管しなければならない。
□防じん防毒併用呼吸用保護具は、原則として１回使用するごとに吸収缶を交換しなければならない。

4-1 保護具の種類と性能

呼吸用保護具は、その種類によって使用できる環境条件や対象物質、使用可能時間等が異なりますので用途に適したものを選択する必要があります。

その分類は、**図1**のとおり大きく分けて「ろ過式」と「給気式」に分かれます。

また、化学防護服についてもその種類を、**図2**に示します。

使用する呼吸用保護具等については、汚染度が比較的低い「レベル1」から、厳重な対策が必要となる「レベル4」まで、作業環境の汚染の程度に応じて、使い分けるようになっています。以下、各レベルごとの保護具について呼吸用保護具を中心にその概要を説明します。

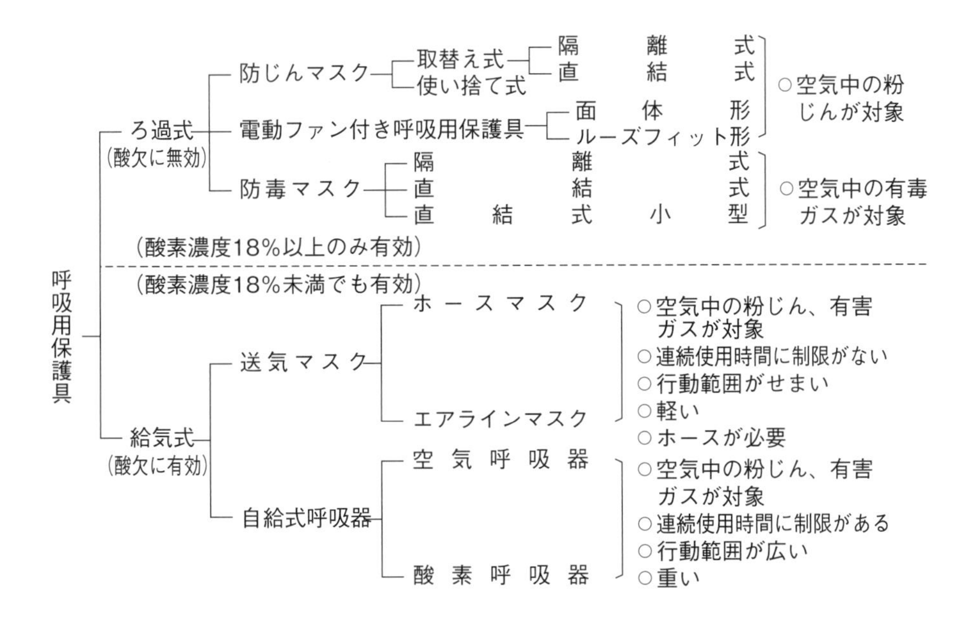

図１　呼吸用保護具の種類

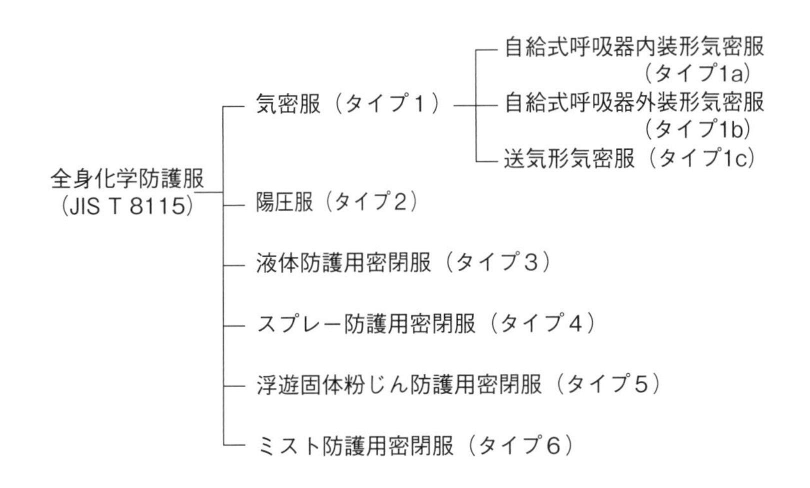

図２　化学防護服の種類

[レベル1]

(1) ダイオキシン類を含む粉じんによるばく露を防止するため、防じんマスク又は電動ファン付き呼吸用保護具を使用します。防じんマスクは、ガス状のダイオキシン類には効果がありません。防じんマスクは粉じんをフィルターでろ過して捕集するものです。型式検定に合格したもので、取替え式で、かつ粉じん捕集効率の高いもの（区分 RL3 または RS3）を使用します（**写真 2、3**）。また、電動ファン付き呼吸用保護具は型式検定合格品であり、大風量形であり、かつ粒子捕集効率 99.97％以上（区分 PS3 または PL3）のものを使用します（**写真 4、5**）。

(2) 保護衣、保護靴等は、作業内容に応じて適宜使用します。

写真２　取替え式防じんマスク（半面形）

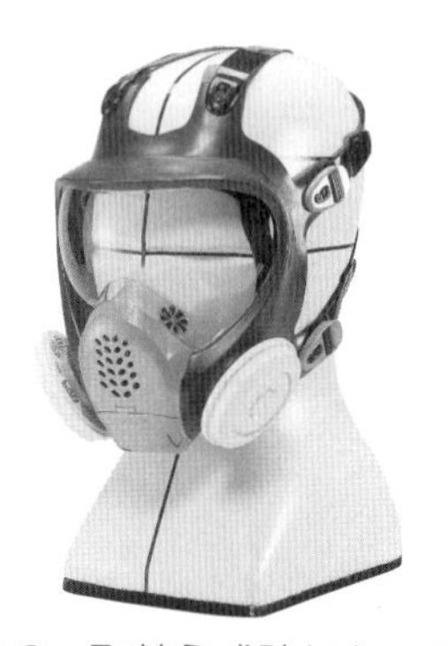

写真３　取替え式防じんマスク（全面形）

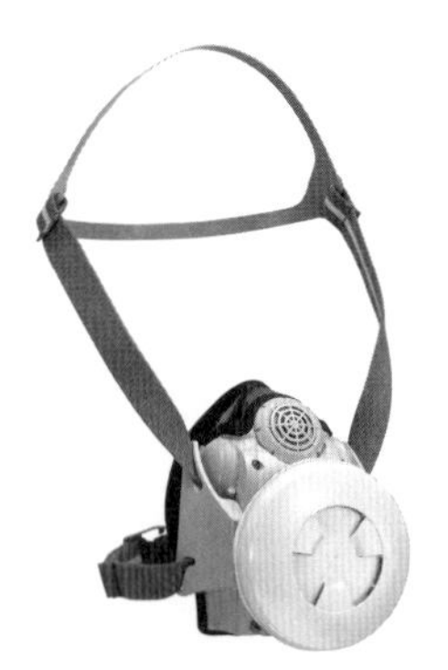

写真４　電動ファン付き呼吸用保護具（半面形）

写真５　電動ファン付き呼吸用保護具（全面形）

[レベル2]

⑴　ガス状のダイオキシン類にばく露するおそれのある作業では、防じん防毒併用タイプ呼吸用保護具（防じん機能を有する防毒マスクで有機ガス用の型式検定合格品）を使用します。

防毒マスクに使用する吸収缶の除毒能力には限界があります。ガス状物質や空気中の水分の吸収に伴い、吸収剤の吸収・吸着能力が低下するので、吸収缶を交換する必要があります。

面体（マスク）には半面形と全面形があり、どちらも使用可能ですが、作業中の作業者の顔面を保護する意味からも全面形のマスクの方が良いでしょう（**写真**6、7）。

⑵　保護衣等については、密閉形化学防護服、化学防護手袋、安全靴または保護靴（化学防護長靴）を使用します（**写真**8、9、10）。

写真６　防じん機能付き防毒マスク（全面形）

写真７　防じん機能付き防毒マスク（半面形）

写真８　密閉形化学防護服

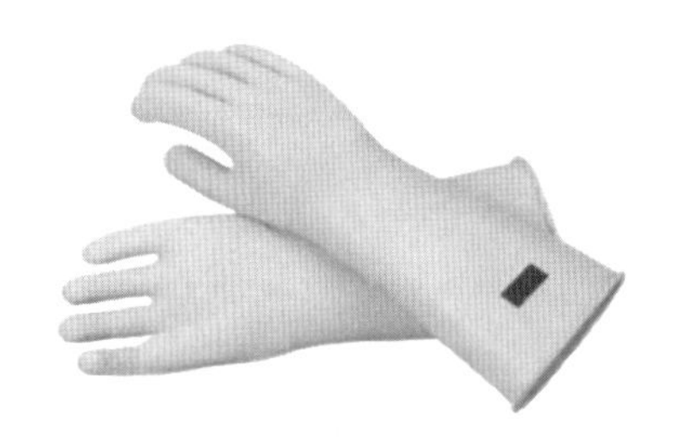

写真９　化学防護手袋

写真１０　化学防護長靴

[レベル3]

(1) 呼吸用保護具として、プレッシャデマンド形エアラインマスク又はプレッシャデマンド形空気呼吸器を使用します。どちらの場合も、面体は全面形に限られます。

① プレッシャデマンド形エアラインマスク

着用者にホースを通して空気を供給する方式の呼吸用保護具として送気マスクがあり、さまざまな方式のものがありますが、このうちレベル3において使用できるのは、プレッシャデマンド形エアラインマスクに限られます(写真11)。

プレッシャデマンド形エアラインマスクは、面体内を常に陽圧に保ちながら、装着者が吸気したときだけ空気を供給するプレッシャデマンド弁を備えているのが特徴です。面体内を常に陽圧に保つよう設計されているので、有

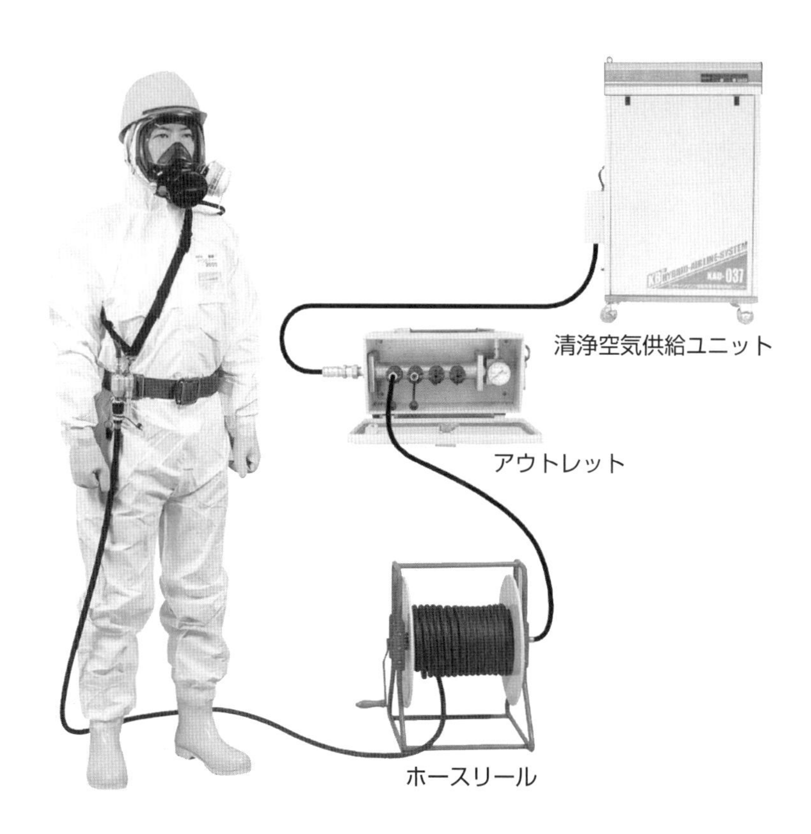

写真11　プレッシャデマンド形エアラインマスクのシステム例

写真 12　プレッシャデマンド形空気呼吸器

害物を含む作業場内の空気が面体内に漏れ込む可能性が非常に低く、防護性能が高い呼吸用保護具です。

行動範囲がエアラインホースの届く範囲に限られるなど作業性に制約がありますが、空気ボンベを使用しないので、使用時間には制限がありません。

空気を送るためのホースを引きずりながら作業することになりますので、突起物に引っかけて転倒したり、ホースに足を取られて自分自身や他の作業者が転倒したり、墜落したりすることが懸念されます。余分のホースは、ホースリールを使ってきちんと巻くなどして整理しておくとともに、引き伸ばす際は、慎重に行ってください。

なお、エアラインの各接続箇所間の移動時やエアシャワーを浴びるときなど、エアラインをはずす必要があるときは、エアラインをはずした状態でも防じん防毒併用呼吸用保護具としての機能を備えたものを使用する必要があります。

なお、エアラインマスクに送る空気については、ダイオキシン類等の有害物質を含まない清浄な空気を供給しなければなりません（**写真 11 参照**）。

② プレッシャデマンド形空気呼吸器

着用者に空気ボンベに充塡された空気を供給する方式の呼吸用保護具としては空気呼吸器がありますが、レベル３において使用できるのは、プレッシャデマンド形空気呼吸器に限られます（**写真12**）。

プレッシャデマンド形空気呼吸器は、面体（マスク）内を常に陽圧に保ちながら、着用者が吸気したときだけ空気を供給するプレッシャデマンド弁を備えているのが特徴です。面体内を常に陽圧に保つよう設計されているので、有害物を含む作業場内の空気が漏れ込む可能性が非常に低く、防護性能が高い呼吸用保護具です。

したがって、空気中のダイオキシン類濃度が高い場合や作業場内にガス状のダイオキシン類があることがわかっている場合等にも使用できます。

装着者は空気ボンベに充塡された清浄空気を呼吸するので、行動範囲に制約がありません。空気ボンベに充塡された空気は限られているので、使用時間に制限があります。有効使用時間は、空気ボンベの容量と充塡圧力のほか作業強度等によって定まります。

空気呼吸器を使用しての作業では、ボンベの残量に気を付けて、十分な余裕を持って作業を行ってください。

(2)　保護衣等は、密閉形化学防護服、化学防護手袋、化学防護長靴を使用します。

[レベル4]

3,000pg-TEQ/g を超える高濃度汚染物を常時直接取り扱う詰替え作業を行うなど特殊な場合に用いられる保護具です。

送気形気密服、自給式呼吸器内装形気密服、自給式呼吸器外装形気密服を使用します（**写真 13、14**）。また、化学防護手袋、化学防護長靴を併用します。

化学防護服、化学防護手袋、化学防護長靴は、一般的に気体、液体、固体などの化学薬品、有害物質等を取り扱うときに着用し、化学物質の透過、浸透の防止を目的として使用されます。

写真 13　送気形気密服

写真 14　自給式呼吸器内装形気密服

4-2 保護具の洗浄方法の例

保護具の洗浄方法には、以下のような方法があります。

① 防じんマスク、エアラインマスク、空気呼吸器等は装着したまま、エアシャワーで粉じんを除去します（写真１：22 頁）。

② 面体は、エアシャワーで粉じんを除去した後、中性洗剤を加えたぬるま湯又は水で洗って汚れを落とし、日陰で自然乾燥します。汚れを落とすために強力な圧搾空気を保護具に吹き付けると弁や電動ファンなどが破損するおそれがあります。また、電動ファン付き呼吸用保護具は電動ファン部に直接水をかけると故障の原因となるので、面体の汚れは、ふきとって落とし、日陰で自然乾燥します。

③ 保護衣類は、使用後にエアシャワーで粉じんを除去します。汚れがひどい場合は、中性洗剤を薄めて水洗いします。

使い捨ての簡易防じん服を使用する場合は、使い回しをしないで、１回ごとに確実に交換してください。

なお、使用後は、保守点検を行うことはもちろんのこと保管庫等に保管して次の作業に備えるとともに有害粉じん等からの汚染を防ぐようにしてください。

4-3 使用方法及び保守点検の方法

(1)防じんマスク、防じん防毒併用呼吸用保護具

ア．装着上の注意事項

① 面体は、あごの方からかぶります。

② 顔面と面体の接顔部が密着するように、しめひもを締めます。締め具合は、気密が悪くならない程度にゆるめておく方が、長時間の使用には楽です。

③ 手のひらで吸気口（排気口）をふさいで息を吸って（吐いて）密着性の試験（フィットテスト）を行います。どこからも空気が漏れなければ大丈夫です。

空気が漏れる場合には、顔面と面体とが密着しているか確認してください。ばく露の原因の一つは、保護具の不適切な使用なので、フィットテストは、確実に行う必要があります。

④ 防じん防毒併用呼吸用保護具の吸収缶は、ダイオキシン類だけでなくその

他のガス状物質や空気中の水分を吸収します。微量のダイオキシン類に対応できるよう、原則として１回使用するごとに吸収缶を交換しましょう。

イ．使用後の保守

面体、吸気弁、排気弁、しめひも等について、破損、亀裂、著しい変形又は粘着性がないことを確認してください。

⑵電動ファン付き呼吸用保護具

電動ファン付き呼吸用保護具のファンによる送風は、接顔部に生じたすき間から面体内へ粉じんが漏れ込むことを抑えることができます。したがって、電動ファンが正常に稼働することがポイントとなるので、ファンが動いて送風があるか、電池の残量は十分かなどについて確認する必要があります。装着上の注意は、前記の防じんマスクと同様です。電動ファン付き呼吸用保護具には電子部品が内蔵され、バッテリーの残量やフィルター交換を示すインジケータが付いていますが、電動ファン部に水をかけたり、圧搾空気を吹き付けたりすると、電子部品やファンが故障する原因となるので注意しましょう。

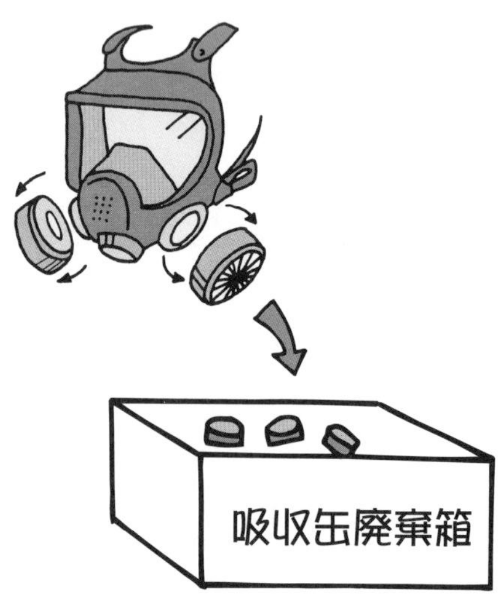

(3)プレッシャデマンド形エアラインマスク

ア．装着上の注意

① 面体（マスク）は、あごの方からかぶります。

② 連結管又は中圧ホースが、よじれていないか、チェックします。

③ フィットテストは、連結管タイプのものについては連結管を手でしっかりと握りしめた状態で、中圧ホースタイプのものは空気供給を止めた状態で息を吸い込み、顔面と面体との密着性が良好なことを確認してください。

④ エアラインホースに、よじれがないようにします。

イ．使用後の保守

① 各部分に異常や劣化がないかどうかを１カ月に１回点検します。

② 各部の点検は､取扱説明書の点検チェックリストに従って行ってください。

※使用前の点検については第３章を参照

(4)プレッシャデマンド形空気呼吸器

ア．装着等の操作手順

① 空気呼吸器を背負います。

② ボンベのそく止弁を左に回して開きます。

③ 面体を、あごの方からかぶります。その際、連結管が、よじれていないかチェックしてください。

④ フィットテストは、連結管タイプのものについては連結管を手でしっかりと握りしめた状態で、中圧ホースタイプのものについては空気供給を止めた

状態で、息を吸い込み顔面と面体との密着性が良好なことを確認してください。

イ．注意事項

① ボンベの圧力が3.0MPa付近まで低下すると警報器が鳴ります。警報器が鳴ったら、直ちに安全な場所に退避してください。

② 呼吸が異常に苦しい場合は、空気呼吸器の異常が考えられます。このような場合はバイパス弁を開き、空気を補給するとともに直ちに安全な場所に退避してください。

ウ．使用後の保守

① 使用後には、次の使用に備えて空気ボンベの再充填をしてください。

② 空気ボンベは、製造後３年以内に容器の再検査をしなければなりません。以後３年ごとに再検査をしてください。

※使用前の点検については第３章を参照

⑸保護衣

ア．保護衣の装着上の注意事項

防護服、長靴、全面マスク、手袋の順で装着します。手袋は防護服のそでの内側に、長靴もズボンの内側に入れます。防護服と手袋、防護服と長靴の合わせ目から粉じん等が入らないよう、テープで密閉してください（写真15、16、17）。

イ．使用後の保守

① 表面硬化、べとつき、亀裂はないか。

② 異常（切り裂き等）があれば、廃棄する。

写真15　密閉形化学防護服と手袋、長靴の密閉

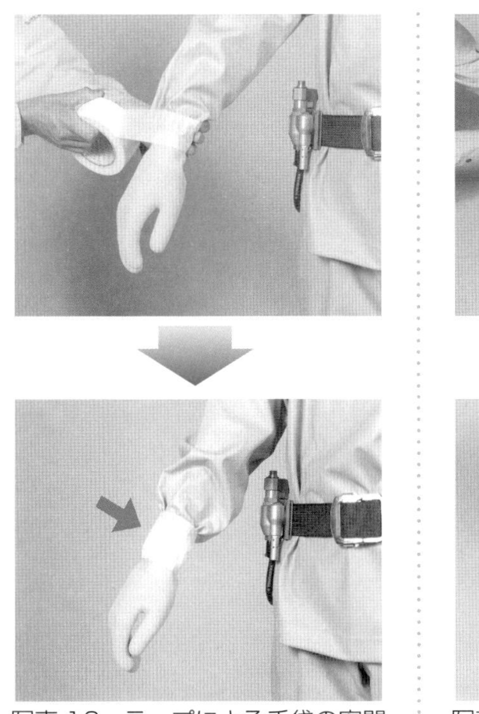

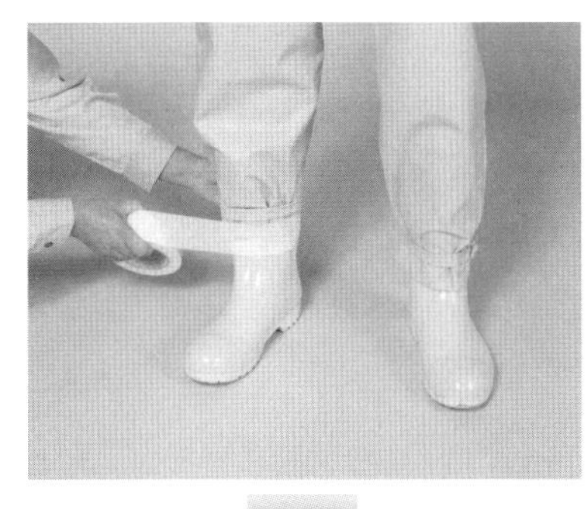

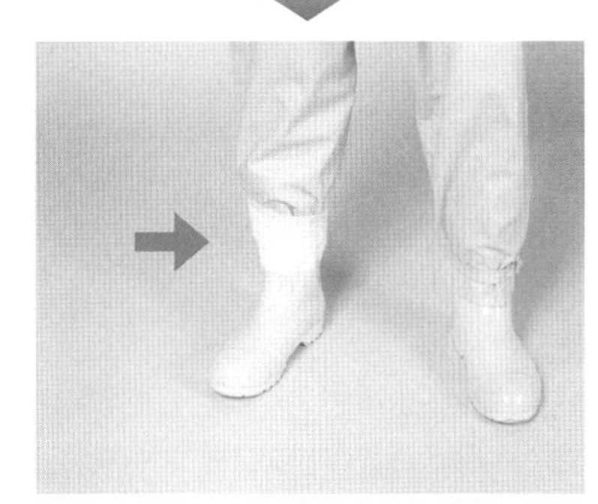

写真 16　テープによる手袋の密閉

写真 17　テープによる長靴の密閉

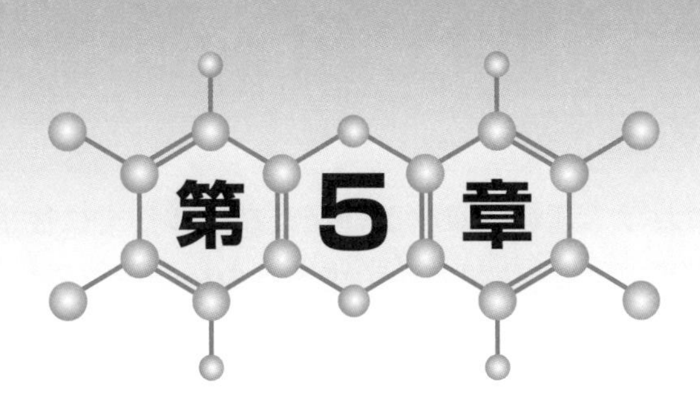

第5章 その他ダイオキシン類のばく露の防止に関し必要な事項

【第５章のポイント】

□作業衣や手指に付着した焼却灰等によりダイオキシン類にばく露することがないように注意が必要。 □廃棄物焼却施設においては、女性労働者には就業上の配慮が必要であり、事業者等の指示に従って作業しなければならない。

5-1 休憩場所の確保等

廃棄物焼却施設における運転、点検等作業及び解体作業に従事する作業者の作業衣に付着した焼却灰等により、休憩室が汚染されない措置を講ずる必要があります。

休憩は、この休憩室を利用するようにしてください。

5-2 喫煙等の禁止

1-2(2)で述べたように、ダイオキシン類は、粉じんやガス状のものが呼吸を通じて体内に吸入されるほか、手指に付着した粉じんが飲食物等と一緒に体内に入る可能性があるので、作業場では、飲食物を口に入れたり喫煙したりしてはいけません。

5-3 女性労働者に対する配慮

女性労働者については、母性保護の観点から、廃棄物焼却施設における運転、点検等作業及び解体作業における就業上の配慮を行うこととされています。作業に当たっては、事業者等の指示に従ってください。

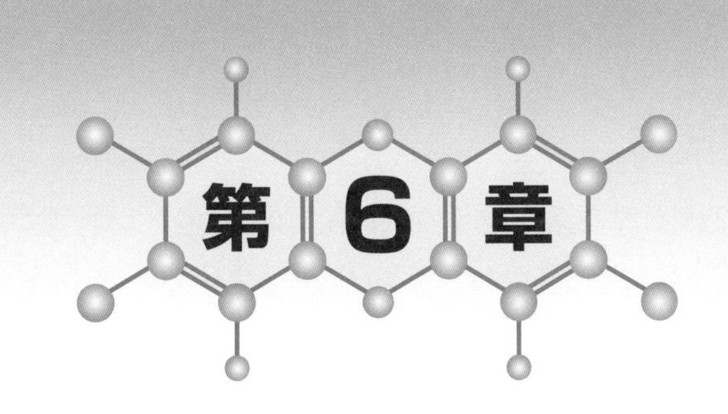

第6章 その他の労働災害の防止に関する事項

【第6章のポイント】

□廃棄物焼却施設における点検等作業や解体作業では、熱中症、墜落災害、感電災害など、ダイオキシン類へのばく露以外の危険にも注意が必要である。

6-1 熱中症の防止

呼吸用保護具、保護衣等を着用しての作業は、大変厳しい作業になります。特に、夏場の点検等作業及び解体作業では、熱中症が発生するおそれがあります。多くの熱中症は、「これくらいなら」、「もうちょっとだけ」と作業を頑張ってしまうことで発生しており、死亡に至ることもめずらしくありません。無理をしないで適宜休

憩をとり、休憩室等で水分・塩分等を補給してください。

また、体温の上昇を防ぐような服装を工夫することも重要です（**写真 18**）。暑さが厳しいときには、作業を中止することも考慮する必要があります。

熱中症の救急処置は 60 頁の図を参照して下さい。

写真 18　冷却服と個人用冷却器の装着例

6-2 墜落災害の防止

点検等や解体作業などでは高所での作業があり、墜落の危険が伴います。特に、呼吸用保護具、保護衣等を着用しての作業では、何も着けてないときに比べ、視野が狭くなったり、動きにくくなったりするので、一層危険性が増します。

こうした危険に対処するため、事業者は、高さが２ｍ以上の箇所で作業を行う場合において、墜落のおそれのあるときは、足場を設ける等の方法により作業床を設け、その作業床を使用させること、作業床の設置が困難なときは、安全帯を使用させることが義務付けられています。

安全帯は、確実に使用するとともに、エアラインマスクのホースなどが絡まないように気を付けながら作業を行ってください。

6-3 感電災害の防止

点検等作業及び解体作業では、アーク溶接･溶断における感電の危険もあります。特に、汗をかいて体が濡れていると、感電しやすくなります。

ドームの内部等導電体に囲まれた場所で著しく狭あいなところ、又は墜落により労働者に危険を及ぼすおそれのある高さ２m以上の場所で、鉄骨等導電性の高い接地物に労働者が接触するおそれのあるところにおいて、交流アーク溶接機を使った作業（解体作業）等を行うときは、事業者は、交流アーク溶接機用自動電撃防止装置を使用させることとされています。これ以外の場所でも、交流アーク溶接機用自動電撃防止装置を使用するのが望ましいでしょう。

適切な機器を確実に使用して、感電災害を受けないように注意してください。

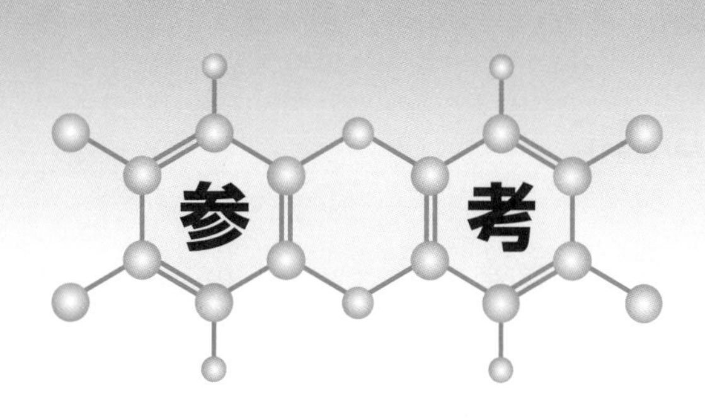

関係法令

1 法令を学ぶ前に

(1)法令・通達とは

法令とは，法律とそれに関係する政令，省令，告示等を含めた総称です。

法律は，国が企業や国民にその履行，遵守を強制するもので，守るべき基本的なことと，守られないときにはどのような処罰を受けるかが示されています。具体的に行うことが何かについては，政令や省令，告示によって明らかにされています。

種類	内容	名称	例
法律	国会が制定する規範。	「○○法」	労働安全衛生法
政令	内閣が制定する命令。	「○○法施行令」等	労働安全衛生法施行令
省令	各省の大臣が制定する命令。	「○○規則」	労働安全衛生規則
告示	国や自治体が、一定の事項を法令に基づき広く知らせるもの。		安全衛生特別教育規程

通達とは，法令の適正な運営のために行政内部で発出される文書のことで，上級の行政機関が下級の機関に対して，法令の具体的判断や取扱基準を示すものと，法令の施行の際の留意点や考え方などを示したものがあります。

(2)労働安全衛生に関する法令等

労働安全衛生法は，事業者の責務として，労働者について法定の最低基準を遵守するだけでなく，積極的に安全と健康を確保する施策を講ずべきことを定めています。また，労働者については，労働災害の防止のために必要な事項を守るほか，保護具の使用を命じられた場合には使用するなど，事業者が実施する措置に協力するよう努めなければならないことを定めています。

労働安全衛生法に関する法令や通達は，過去に発生した多くの労働災害の貴重な教訓のうえに，今後どのようにすればその労働災害が防げるかを具体的に示しています。労働安全衛生法等を理解し，守るということは，単に法令遵守ということだけではなく，労働災害を具体的にどのように防止したらよいかを知り，実行することでもあるのです。

(以下, 条文中で労働安全衛生法は「法」, 労働安全衛生規則は「則」で表記します。)

2　廃棄物の焼却施設に係る作業に関する法令等

(1)労働安全衛生法

労働安全衛生法では，労働者を雇い入れるときの教育および労働者を危険または有害な業務につかせるときの特別教育について定めています。

（安全衛生教育）

第59条　事業者は，労働者を雇い入れたときは，当該労働者に対し，厚生労働省令で定めるところにより，その従事する業務に関する安全又は衛生のための教育を行わなければならない。

2　前項の規定は，労働者の作業内容を変更したときについて準用する。

3　事業者は，危険又は有害な業務で，厚生労働省令で定めるものに労働者をつかせるときは，厚生労働省令で定めるところにより，当該業務に関する安全又は衛生のための特別の教育を行わなければならない。

(2)労働安全衛生規則

労働安全衛生規則では，(1)の法第59条の雇入れ時等の教育、特別教育について定めています。

（雇入れ時等の教育）

第35条　事業者は、労働者を雇い入れ、又は労働者の作業内容を変更したときは、当該労働者に対し、遅滞なく、次の事項のうち当該労働者が従事する業務に関する安全又は衛生のため必要な事項について、教育を行なわなければならない。ただし、令第２条第３号に掲げる業種の事業場の労働者については、第１号から第４号までの事項についての教育を省略することができる。

1　機械等、原材料等の危険性又は有害性及びこれらの取扱い方法に関すること。

2　安全装置、有害物抑制装置又は保護具の性能及びこれらの取扱い方法に関すること。

3　作業手順に関すること。

4　作業開始時の点検に関すること。

5　当該業務に関して発生するおそれのある疾病の原因及び予防に関すること。

6　整理、整頓及び清潔の保持に関すること。

7　事故時等における応急措置及び退避に関すること。
8　前各号に掲げるもののほか、当該業務に関する安全又は衛生のために必要な事項

② 事業者は、前項各号に掲げる事項の全部又は一部に関し十分な知識及び技能を有していると認められる労働者については、当該事項についての教育を省略することができる。

（特別教育を必要とする業務）

第36条　法第59条第3項の厚生労働省令で定める危険又は有害な業務は、次のとおりとする。

（第1号から第33号まで略）

34　ダイオキシン類対策特別措置法施行令（平成11年政令第433号）別表第1第5号に掲げる廃棄物焼却炉を有する廃棄物の焼却施設（第90条第5号の3を除き、以下「廃棄物の焼却施設」という。）においてばいじん及び焼却灰その他の燃え殻を取り扱う業務（第36号に掲げる業務を除く。）

【解説】第34号における業務とは、具体的には次の作業をいいます。
ア　焼却炉、集じん機等の内部で行う灰出しの作業
イ　焼却炉、集じん機等の内部で行う設備の保守点検等の作業前に行う清掃等の作業
ウ　焼却炉、集じん機等の外部で行う焼却灰の運搬、飛灰（ばいじん等）の固化等焼却灰及び飛灰等を取り扱う作業
エ　焼却炉、集じん機等の外部で行う清掃等の作業
オ　焼却炉、集じん機等の外部で行う上記ア及びイの作業の支援及び監視等の作業

35　廃棄物の焼却施設に設置された廃棄物焼却炉、集じん機等の設備の保守点検等の業務

【解説】第35号における業務とは、具体的には次の作業をいいます。
ア　焼却炉、集じん機等の内部で行う設備の保守点検等の作業
イ　焼却炉、集じん機等の外部で行う焼却炉、集じん機その他の装置の運転、保守点検等の作業

ウ　焼却炉、集じん機等の外部で行う上記アの作業の支援、監視等の作業
　ただし、保守点検等に伴い、ばいじん及び焼却灰その他の燃え殻等を取り扱う場合は、上記第34号の作業に該当するものであること。

36　廃棄物の焼却施設に設置された廃棄物焼却炉、集じん機等の設備の解体等の業務及びこれに伴うばいじん及び焼却灰その他の燃え殻を取り扱う業務

【解説】第36号の業務とは具体的には次の作業をいいます。
ア　廃棄物焼却炉、集じん機、煙道設備、排煙冷却設備、洗煙設備、排水処理設備及び廃熱ボイラー等の設備の解体又は破壊の作業（当該設備を設置場所から他の施設に運搬して行う当該設備の解体又は破壊の作業を含む。）
イ　上記アに係る設備の大規模な撤去を伴う補修・改造の作業
ウ　上記ア及びイの作業に伴うばいじん及び焼却灰その他の燃え殻を取り扱う作業
　ただし、耐火煉瓦の取替え等、定期的に行う点検補修作業で大規模な撤去を伴わない作業については、上記第35号の作業に該当するものであること。
　なお、①ガラス等により隔離された場所において遠隔隔作で行う作業、②密閉系で灰等をベルトコンベア等で運搬するのを監視する作業等、焼却灰及び飛灰に労働者がばく露することのない作業については、上記第34号、第35号及び第36号に該当しないものであること。

（第37号～第40号 略）

（特別教育の細目）

第39条　前二条及び第592条の7に定めるもののほか、第36条第1号から第13号まで、第27号、第30号から第36号まで、第39号及び第40号に掲げる業務に係る特別教育の実施について必要な事項は、厚生労働大臣が定める。

【解説】上記の則第39条に基づいて「安全衛生特別教育規程」（告示）が示されており，廃棄物の焼却施設に係る業務の特別教育の科目等が定められています（4頁）。

（特別の教育）

第592条の7　事業者は、第36条第34号から第36号までに掲げる業務に労働者を

就かせるときは、当該労働者に対し、次の科目について、特別の教育を行わなければならない。

1　ダイオキシン類の有害性
2　作業の方法及び事故の場合の措置
3　作業開始時の設備の点検
4　保護具の使用方法
5　前各号に掲げるもののほか、ダイオキシン類のばく露の防止に関し必要な事項

労働安全衛生規則では，廃棄物の焼却施設に係るにおけるダイオキシン類へのばく露防止措置を次のように規定しています。

（ダイオキシン類の濃度及び含有率の測定）

第592条の2　事業者は、第36条第34号及び第35号に掲げる業務を行う作業場について、6月以内ごとに1回、定期に、当該作業場における空気中のダイオキシン類（ダイオキシン類対策特別措置法（平成11年法律第105号）第2条第1項に規定するダイオキシン類をいう。以下同じ。）の濃度を測定しなければならない。

②　事業者は、第36条第36号に掲げる業務に係る作業を行うときは、当該作業を開始する前に、当該作業に係る設備の内部に付着した物に含まれるダイオキシン類の含有率を測定しなければならない。

（付着物の除去）

第592条の3　事業者は、第36条第36号に規定する解体等の業務に係る作業を行うときは、当該作業に係る設備の内部に付着したダイオキシン類を含む物を除去した後に作業を行わなければならない。

（ダイオキシン類を含む物の発散源の湿潤化）

第592条の4　事業者は、第36条第34号及び第36号に掲げる業務に係る作業に労働者を従事させるときは、当該作業を行う作業場におけるダイオキシン類を含む物の発散源を湿潤な状態のものとしなければならない。ただし、当該発散源を湿潤な状態のものとすることが著しく困難なときは、この限りでない。

（保護具）

第592条の5　事業者は、第36条第34号から第36号までに掲げる業務に係る作業

に労働者を従事させるときは、第592条の2第1項及び第2項の規定によるダイオキシン類の濃度及び含有率の測定の結果に応じて、当該作業に従事する労働者に保護衣、保護眼鏡、呼吸用保護具等適切な保護具を使用させなければならない。ただし、ダイオキシン類を含む物の発散源を密閉する設備の設置等当該作業に係るダイオキシン類を含む物の発散を防止するために有効な措置を講じたときは、この限りでない。

② 労働者は、前項の規定により保護具の使用を命じられたときは、当該保護具を使用しなければならない。

（作業指揮者）

第592条の6　事業者は、第36条第34号から第36号までに掲げる業務に係る作業を行うときは、当該作業の指揮者を定め、その者に当該作業を指揮させるとともに、前三条の措置がこれらの規定に適合して講じられているかどうかについて点検させなければならない。

（洗浄設備等）

第625条　事業者は、身体又は被服を汚染するおそれのある業務に労働者を従事させるときは、洗眼、洗身若しくはうがいの設備、更衣設備又は洗たくのための設備を設けなければならない。

② 事業者は、前項の設備には、それぞれ必要な用具を備えなければならない。

上記で規定されたダイオキシン類へのばく露防止措置を踏まえ「廃棄物焼却施設関連作業におけるダイオキシン類ばく露防止対策」（56頁）が通達で示されています。

3 廃棄物焼却施設関連作業におけるダイオキシン類ばく露防止対策（概要）

（平成 26 年 1 月 10 日 基発 0110 第 1 号）
（改正　平成 26 年 11 月 28 日 基発 1128 第 12 号）

労働安全衛生規則の規定を踏まえたダイオキシン類へのばく露防止対策措置が通達により示されています。概要は以下のとおりです。

(1)趣旨

わが国のダイオキシン類対策については、平成 11 年にダイオキシン類による環境汚染の防止やその除去等を図り、国民の健康を保護することを目的とした「ダイオキシン類対策特別措置法」が制定されています。

廃棄物焼却炉を有する廃棄物の焼却施設における焼却炉等の運転、点検等作業及び解体作業に従事する労働者のダイオキシン類へのばく露を未然に防止することが重要であることから、厚生労働省では、平成 13 年 4 月に労働安全衛生規則の一部を改正し、廃棄物の焼却施設におけるダイオキシン類へのばく露防止措置を規定しています。

本対策要綱は、改正後の労働安全衛生規則に規定された事項を踏まえ、事業者が講ずべき基本的な措置を示し、労働者のダイオキシン類へのばく露防止の徹底を図ることを目的とするものです。

(2)通達の骨子

本通達は、労働安全衛生規則において定められた措置に加え、廃棄物焼却施設関連作業に従事する労働者のダイオキシン類ばく露防止のため、事業者が講ずべき措置を取りまとめたものです。

具体的には、作業指揮者の選任、特別教育の実施、空気中のダイオキシン類濃度の測定、適切な保護具の使用、解体工事における付着物の除去（焼却炉をあらかじめ取り外した上で、処理施設に運搬して付着物の除去と解体を行う「移動解体」を含む。）などが示されています。

4　熱中症の予防について（概要）

（平成21年6月19日基発第0619001号）

夏季においては、建設業などの屋外作業を中心に熱中症が発生しやすくなります。厚生労働省では、基本的な熱中症対策として「職場における熱中症の予防について」を示しています。その対策の概要は次のとおりです。

1．WBGT値（暑さ指数）の活用

WBGTの値は、暑熱環境によるストレスを評価する暑さ指数で、次の①、②の式で算出されます。

①　屋内及び屋外で太陽照射のない場合（日陰）
WBGT値＝0.7×自然湿球温度＋0.3×黒球温度
②　屋外で太陽照射のある場合（日なた）
WBGT値＝0.7×自然湿球温度＋0.2×黒球温度
＋0.1×乾球温度

算出した値が、WBGT基準値（作業強度等により異なり、上記通達の表1－1（略）に記載）を超え、又は超えるおそれがある場合には、まず冷房等により当該作業場所のWBGT値の低減を図ること、身体作業強度の低い作業に変更すること、WBGT基準値より低い作業場での作業に変更すること等を作業の状況等に応じて実施することです。

それでもなお、WBGT基準値を超え、又は超えるおそれがある場合には、「2.熱中症予防対策」を徹底し、熱中症の発生リスクの低減を図りましょう。

2．熱中症予防対策

⑴作業環境管理

①　WBGT基準値を超え、又は超えるおそれのある作業場所（以下「高温多湿作業場所」という。）においては、発熱体と労働者の間に熱を遮ることのできる遮へい物等を設けること。

②　屋外の高温多湿作業場所においては、直射日光並びに周囲の壁面及び地面からの照り返しを遮ることができる簡易な屋根等を設けること。

③　高温多湿作業場所に適度な通風や冷房を行うための設備を設けること。

④　高温多湿作業場所の近隣に冷房を備えた休憩場所又は日陰等の涼しい休憩場所を設けること。また、休憩場所は臥床することのできる広さを確保すること。

⑤　高温多湿作業場所又はその近隣に水、冷たいおしぼり、水風呂、シャワー等の身体を適度に冷やすことのできる物品及び設備を設けること。

⑥　水分及び塩分の補給を定期的かつ容易に行うことができるよう、高温多湿作業場所に飲料水の備付け等を行うこと。

⑵作業管理

①　作業の休止時間及び休憩時間を確保し、高温多湿作業場所の作業を連続して行う時間を短縮すること、身体作業強度が高い作業を避けること、作業場所を変更することなどの熱中症予防対策を、作業の状況等に応じて実施するよう努めること。

②　計画的に、熱への順化期間を設けることが望ましいこと。

③　のどの渇きなどの自覚症状以上に脱水状態が進行していることがあること等に留意の上、自覚症状の有無にかかわらず、水分及び塩分の作業前後の摂取及び作業中の定期的な摂取を指導するとともに、労働者の水分及び塩分の摂取を確認するための表の作成、作業中の巡視における確認などにより、定期的な水分及び塩分の摂取の徹底を図ること。

④　熱を吸収し、又は保熱しやすい服装は避け、透湿性及び通気性の良い服装を着用させること。なお、直射日光下では通気性の良い帽子等を着用させること。

⑤　定期的な水分及び塩分の摂取に係る確認、労働者の健康状態を確認し、熱中症を疑わせる兆候（60頁　表）が表れた場合において速やかな作業の中断等必要な措置を講ずること等を目的に、高温多湿作業場所での作業中は巡視を頻繁に行うこと。

⑶健康管理

①　健康診断の項目には、糖尿病、高血圧症、心疾患、腎不全等の熱中症の発症に影響を与えるおそれのある疾患と密接に関係した血糖検査、尿検査、血圧の測定、既往歴の調査等が含まれていること、及び異常所見があると診断された場合には医師等の意見を聴き、当該意見を勘案して、必要があると認めるときは、事業者は、就業場所の変更、作業の転換等の適切な措置を講ずることが義務付けられていることに留意の上、これらの徹底を図ること。

② 高温多湿作業場所で作業を行う労働者については、睡眠不足、体調不良、前日等の飲酒、朝食の未摂取、感冒による発熱、下痢に伴う脱水などが熱中症の発症に影響を与えるおそれがあることに留意の上、日常の健康管理について指導を行うとともに、必要に応じ健康相談を行うこと。

③ 作業開始前に労働者の健康状態を確認すること。作業中は巡視を頻繁に行い、声をかけるなどして労働者の健康状態を確認すること。また、複数の労働者による作業においては、労働者にお互いの健康状態について留意させること。

⑷労働衛生教育

高温多湿作業場所において作業に従事させる場合には、作業を管理する者及び労働者に対し、以下の事項について従事する前だけでなく繰り返し労働衛生教育を実施したり、教育内容の実践について、日々の注意喚起を図ったりすること。

① 熱中症の症状
② 熱中症の予防方法
③ 緊急時の救急処置
④ 熱中症の事例

⑸救急処置

① あらかじめ、病院、診療所等の所在地及び連絡先を把握するとともに、緊急連絡網を作成し、関係者に周知すること。

② 熱中症を疑わせる症状が表れた場合は、救急処置として涼しい場所で身体を冷やし、水分及び塩分の摂取等を行うこと。また、必要に応じ、救急隊を要請し、又は医師の診察を受けさせること。

表　熱中症の症状と分類

分類	症状	重症度
Ⅰ度	めまい・失神、筋肉痛・筋肉の硬直、大量の発汗	小
Ⅱ度	頭痛、気分の不快、吐き気、嘔吐、倦怠感、虚脱感	↓
Ⅲ度	意識障害、痙攣、手足の運動障害、高体温	大

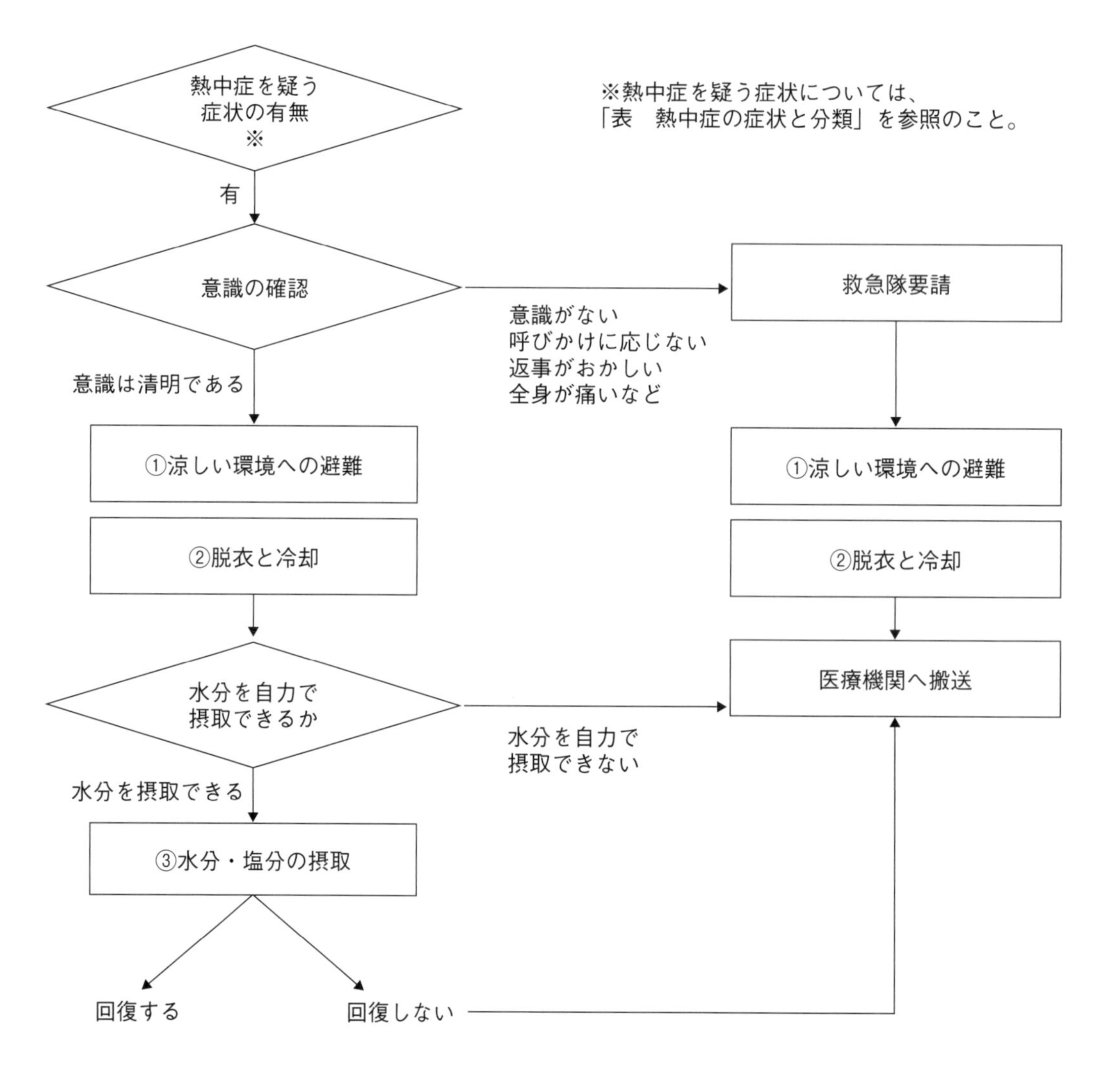

図　熱中症の救急処置（現場での応急処置）

●参考資料　廃棄物焼却施設における災害事例

【事例 1】焼却炉に詰まった灰を除去する作業中に爆発	
発生状況	焼却炉の灰を灰シュートに落とす灰落としダンパーが作動しなくなり、点検口を開けて灰シュート内に詰まっていたクリンカ（灰、金属、ガラス、プラスチック類の溶解物が固まったもの）に注水しながら突き崩して灰シュートに落としていたところ、下部で灰から発生した水素ガスに点火、爆発が起こり、点検口から熱風、熱灰、クリンカが吹き出して３名が被災した。
原因	災害の原因としては、焼却炉が灰が詰まりやすく、炉内のガスが抜けにくい構造であったこと、灰が詰まった場合の対応マニュアルがなかったこと、灰が詰まった際に可燃性ガスが発生する恐れがあることを教育していなかったことなどがある。

【事例2】産業廃棄物焼却炉の集じん装置を点検中、焼却灰が飛散し火傷	
発生状況	焼却炉の集じん装置を点検中に高温の灰が飛散して３名が被災した事故。運転作業を行っていた職長が「集じん装置からまったく焼却灰が出ていない」と作業者からの報告を受け、廃棄物の投入を停止して焼却炉の火を止めた。30 分後に職長、作業者が焼却灰の排出口付近に集まったところ、突然焼却灰が集じん装置内で落下し、排出口から 400 ～ 500℃の焼却灰が流出、飛散して 3 人は火傷を負った。
原因	災害の原因としては、各施設の点検マニュアルがなく、点検を自社で行っていなかったこと、焼却灰が詰まった場合等の非定常作業の作業手順書を作成していなかったこと、高温部分に接近する作業に必要な耐熱服等、火傷防止のための保護具を備え付けていなかったこと、作業者に対する安全衛生教育、職長教育を行っていかなかったことが考えられる。

【事例3】コンベアーの架台に補強板を交流アーク溶接機で取り付ける作業中に感電	
発生状況	廃棄物焼却処理施設で上下のステンレス製コンベアーカバーに挟まれる狭あいな作業場所で、カバーに上って左半身を下に横たわり、上半身の左右がカバーに接触した状態で右手に溶接棒ホルダー、左手に保護面を持って溶接作業を行っていた作業者が感電で死亡した。
原因	災害の原因としては、動作が不自由で溶接棒やホルダーに接触しやすい状況であったため、繰り返し溶接棒を架台に接触させるうちに自動電撃防止装置が作動し、安全電圧に復帰する前に身体の一部に接触したか、または高温多湿環境で発汗していたため身体の接触抵抗が始動感度程度まで下がってしまっていたこと、自動電撃防止装置の始動感度が高抵抗始動型であったこと、などが考えられる。

● 作業者のためのチェックリスト（例）

作業全体の開始前や、各単位作業の前に、対応の漏れがないかチェックしましょう。

種別	チェック項目		参照頁
作業前	作業前等に、各種使用保護具や、局所排気装置、エアシャワー等の使用設備に問題がないか確認しているか	□	24 ～ 26 37 ～ 41
	作業指揮者等の指示に基づき、適切な保護具（呼吸用保護具、保護衣、保護手袋、保護靴等）を正しく着用しているか（呼吸用保護具のフィットテストを含む）。	□	17 ～ 18 37 ～ 41
	作業に当たっては、ダイオキシン類を含む粉じん等の湿潤化を行っているか	□	17 ～ 19
運転作業	焼却炉を含む焼却施設は、作業仕様書（ダイオキシンの発生を抑制する操作マニュアル）に従って確実に操作を行っているか	□	18
	設備の巡視時に、集じん機などの各機械装置間の排気用ダクト、各装置のパッキンをチェックし、排気ガス等の漏れがないことを確認しているか	□	18
	集じん機からの固化灰を取り出す時は局所排気装置を稼働させているか	□	18
	集じん機からの固化灰取出し時は作業指揮者等の指示に従って、適切な呼吸用保護具、保護衣等を着用しているか	□	18 ～ 19
保守点検作業	設備に付着した物に含まれるダイオキシン類の含有率が低い場合を除き、原則として溶接・溶断作業は行わないようにしているか	□	19
解体作業	作業前に、設備の付着物（ダイオキシン類を含む物）を除去しているか	□	19
	作業指揮者等からの指示に基づき、設定された管理区域を踏まえた解体方法に沿って適正な機材を使用しているか	□	19
	付着物の除去を含め、解体作業時は、ダイオキシン類が外部に拡散しないよう、ビニールシート等で養生しているか	□	19 ～ 20
	付着物に含まれるダイオキシン類の含有率が低い場合を除き、原則として溶断作業は行わないようにしているか	□	20
	【移動解体】取り外した設備は、管理区域内でビニールシート等で覆う等により厳重に密閉しているか	□	20

種別	チェック項目		参照頁
解体作業	【移動解体】取り外した設備の開梱は、適切な管理区域内で、必要なばく露防止対策を実施した上で行っているか	□	20
	【残留灰除去】仮設の天井・壁等による分離、あるいはビニールシート等による作業場所の区画養生をしているか	□	21
	【残留灰除去】堆積した残留灰は、湿潤な状態のものとした上で除去するとともに、土壌からの再発じんにも留意しているか	□	21
運搬作業※	積込み作業時は、適切な保護具を着用しているか	□	21
	取り外した設備は、ビニールシート等で覆われ密閉された状態であることを確認してから、運搬車に積み込んでいるか	□	21
	積込みは、運搬中に密閉状態が維持でき、設備の変形・破損や汚染物が漏えい等しない方法で行っているか	□	21
	積み下ろし作業時は、適切な保護具を着用しているか	□	21
	処理施設での積下ろしは、運搬設備の密閉状態が維持されていることを確認した上で行っているか	□	21
作業後の洗身等	作業後には事業場の施設で洗身・洗眼・うがいを行っているか	□	22
	エアシャワーで汚染物質の除去を行う際には保護具を着用したままエアシャワーを浴びているか	□	22
事故時の措置	事故や保護具の故障などでダイオキシンを多量に吸入したおそれや著しく汚染された場合に備えて連絡方法・連絡先を把握しているか	□	22
保護具の保守	面体はエアシャワーで粉じんを除去した後、中性洗剤を加えたぬるま湯又は水で洗ってから乾燥させているか	□	37
	保護衣類はエアシャワーで粉じんを除去しているか、また、汚れがひどい場合は中性洗剤で水洗いしているか	□	37
	使い捨ての簡易防じん服は1回ごとに廃棄しているか	□	37
	保護具使用後は、異常がないかを確認した上で、保管庫等決められた場所に適切に保管しているか	□	37 ～ 41

※特別教育の対象外作業

ダイオキシン類のばく露を防ぐ　— 特別教育用テキスト —

平成29年９月29日　第１版第１刷 発行
令和６年８月１日　　　　第８刷 発行

編　　者　中央労働災害防止協会
発 行 者　平山　剛
発 行 所　中央労働災害防止協会
〒108-0023
東京都港区芝浦３丁目17番12号
吾妻ビル９階
電話　販売　03(3452)6401
編集　03(3452)6209
印刷・製本　㈱新藤慶昌堂
デザイン・イラスト　プリプラ21

ISBN978-4-8059-1767-1　C3043
中災防ホームページ　https://www.jisha.or.jp/